BEI GRIN MACHT SICH IHR WISSEN BEZAHLT

- Wir veröffentlichen Ihre Hausarbeit, Bachelor- und Masterarbeit

- Ihr eigenes eBook und Buch - weltweit in allen wichtigen Shops

- Verdienen Sie an jedem Verkauf

Jetzt bei www.GRIN.com hochladen und kostenlos publizieren

Hauke Lütjen

Die Explorative Datenanalyse - Statistik im Matheunterricht einführen

GRIN Verlag

Bibliografische Information der Deutschen Nationalbibliothek:

Die Deutsche Bibliothek verzeichnet diese Publikation in der Deutschen National-
bibliografie; detaillierte bibliografische Daten sind im Internet über http://dnb.d-
nb.de/ abrufbar.

Dieses Werk sowie alle darin enthaltenen einzelnen Beiträge und Abbildungen
sind urheberrechtlich geschützt. Jede Verwertung, die nicht ausdrücklich vom
Urheberrechtsschutz zugelassen ist, bedarf der vorherigen Zustimmung des Verla-
ges. Das gilt insbesondere für Vervielfältigungen, Bearbeitungen, Übersetzungen,
Mikroverfilmungen, Auswertungen durch Datenbanken und für die Einspeicherung
und Verarbeitung in elektronische Systeme. Alle Rechte, auch die des auszugsweisen
Nachdrucks, der fotomechanischen Wiedergabe (einschließlich Mikrokopie) sowie
der Auswertung durch Datenbanken oder ähnliche Einrichtungen, vorbehalten.

Impressum:

Copyright © 2000 GRIN Verlag GmbH
Druck und Bindung: Books on Demand GmbH, Norderstedt Germany
ISBN: 978-3-638-76064-5

Dieses Buch bei GRIN:

http://www.grin.com/de/e-book/28543/die-explorative-datenanalyse-statistik-im-
matheunterricht-einfuehren

Inhaltsverzeichnis

Die Explorative Datenanalyse

Vorwort

Die Grundlage für diesen 90 minütigen Vortrag im Fachbereich Mathematik bildet das Buch „Interaktive Medien im Unterricht – Trends und Zusammenhänge" mit dem Untertitel „Materialien zur Explorativen Datenanalyse und Statistik in der Schule". Herausgeber ist das „Landesinstitut für Schule und Weiterbildung." Das Buch wendet sich an Lehrer und Lehrerinnen, die den Bereich der Statistik, der auch im Lehrplan enthalten ist, im Unterricht durchführen wollen. Hierfür soll das Buch einige Unterrichtsbeispiele liefern, in denen die Explorative Datenanalyse als Bestandteil der Statistik den Hauptteil bildet.

Einführung

Die Explorative Datenanalyse beschäftigt sich mit der Auswertung und Darstellung von Daten. Explorativ (erforschend) bedeuted, dass die gesammelten Daten auf Zusammenhänge und Trends hin untersucht werden.
Die EDA ist ein recht junges Gebiet der „Beschreibenden Statistik". Eine Grundlage der EDA ist die Erkenntnis, dass sich komplizierte Zusammenhänge graphisch oft sehr viel einfacher darstellen lassen und somit oft leichter verständlich und interpretierbar sind. Diese Grafiken können dann neue Entdeckungen und Zusammenhänge zwischen den Daten sichtbar machen.

Das oben erwähnte Buch versucht Lehrern die EDA und das Thema Statistik im Allgemeinen, für ihren Unterricht schmackhaft zu machen.. Es werden zahlreiche Anregungen gegeben, wie man Statistik im Mathematikunterricht der SEK 1, ab der achten Klasse einsetzen kann. Dabei werden schon gleich zu Anfang einige recht interessante Fragen gestellt, die eine Untersuchung mit Hilfe der EDA anbieten.

1. In welchem Maße wächst die Weltbevölkerung und wie viele Menschen kann die Erde ernähren?
2. Geht es den Menschen in Deutschland heute „besser" als vor 5,10,20 oder 50 Jahren?
3. Wie unterscheiden sich die Wohlstandsverhältnisse in den neuen und den alten Bundesländern?
4. Konnte die Ausbreitung von AIDS durch die Maßnahmen der Bundesregierung nachhaltig beeinflusst werden?
5. Legen die Schülerinnen und Schüler z.B. in Bayern ein „besseres" Abitur ab als Schülerinnen und Schüler z.B. in Nordrhein-Westfalen?
6. Lässt sich abschätzen ob oder sogar wann der Weltrekord über 100 m der Herren einmal bei 9.5 Sekunden liegen wird?

[1]

Mit dieser letzten Fragestellung werde ich mich später noch näher befassen.

---

[1] Landesinstitut für Schule und Weiterbildung, S. 7

Die Beschreibende Statistik ist im Lehrplan der Sekundarstufe 1 vorgesehen und auch in der Stochastik in Sek 2 findet sie Anwendung. Hier sollen Daten in geeigneten Tabellen und Diagrammen dargestellt werden. Die Daten müssen dann meist zuerst geordnet, sortiert oder in Klassen eingeteilt werden.

Bei der Behandlung der „Beschreibenden Statistik" können folgende Probleme auftreten.

1. Die geforderten mathematischen Kenntnisse und Techniken sind recht trivial. Die Schüler werden also eher wenig gefordert. Damit die Statistik nicht zu langweiligen Fingerübungen auf dem Taschenrechner verkommt, muss das Interesse der Schüler auf anderem Wege erhalten werden, z.b durch interessante Fragestellungen. Um die Fingerübungen zu umgehen, kann Dank der Verfügbarkeit von Computern an den Schulen heute auch sinnvoll der Computer eingesetzt werden.

2. Damit der Schüler nach der langen Suche nach Daten und Erarbeitung eines Ergebnisses auch belohnt wird, ist es sinnvoll auch die Interpretation der gewonnen neuen Daten mit in den Unterricht einzubeziehen. Das setzt aber eine Kompetenz des Lehrers voraus, die er von seinem Studium her meist nicht mitbringt. Er muss sie sich also selbst erarbeiten.

3. Auch die Suche nach Unterrichtsmaterialien ist manchmal nicht ganz einfach, obwohl sehr oft in Tageszeitungen, Zeitschriften oder dem Internet geeignete Diagramme und Zahlenreihen zu finden sind.

Wozu braucht man die EDA?

„Das Leitbild, dass der amerikanische Statistiker J.W. Turkey für die EDA geprägt hat, ist das eines Detektivs, welcher ausgehend von realen Problemen in den zugehörigen Daten interessante Strukturen und Besonderheiten aufdeckt, gefundenen Hinweisen nachgeht und Hypothesen entwickelt. Auf der Basis von selbst gesammelten oder bereitgestelltem Datenmaterial versucht der Datendetektiv, Fragen zu beantworten bzw. Hypothesen zu bestätigen oder zu verwerfen." [2]

Die EDA im Unterricht
- ermöglicht es, den Umgang mit Daten spannender und motivierender zu gestalten
- erfordert und ermöglicht offene Arbeitsweisen im Unterricht. Die Schüler müssen selbst suchen und überlegt forschen.
- betont interpretative und begriffliche Aspekte bei der Anwendung von Mathematik. Das reine Rechnen tritt in den Hintergrund.
- kann und sollte mit dem Einsatz von Computern behandelt werden. Sie liefert somit einen Beitrag zur Informations- und Kommunikationstechnologischen Bildung. Der sinnvolle Einsatz des Computers zur Umgehung von stumpfen, sich wiederholenden Rechnungen ist hier sehr gut möglich.

---

[2] Landesinstitut für Schule und Weiterbildung, S. 8

Um einige Techniken, die für die EDA notwendig sind, kennen zu lernen und um ein interessantes Beispiel für eine mögliche Aufgabenstellung im Unterricht zu liefern, möchte ich nun einen Teil einer der hier vorgeschlagenen Unterrichtseinheiten durchgehen. Dabei werde ich einige Diagramme anfertigen, sie teilweise interpretieren und Prognosen für einen weiteren Verlauf erstellen. Dafür werden Ausgleichsgeraden benötigt, die aber nicht wie in der Schule nach Augenmaß angefertigt, sondern exakt berechnet werden. Hier verlasse ich den Inhalt des Buches des Landesinstituts für Schule und Weiterbildung und werde eine kleine Herleitung machen, die sich nicht mehr auf dem SEK I Niveau des Buches befindet, sondern schon eher im SEK II Bereich liegt. Diese Arbeiten wurden in meinem Vortrag gemeinsam mit den Studenten durchgeführt.

Die EDA am Beispiel des Leistungssports

Der Leistungssport mit seinen sich ständig überbietenden Bestleistungen ist ein Bereich, der viele Schüler und Erwachsene interessiert. Veränderte Trainingsmethoden, verbesserte und genormte Wettkampfbedingungen lassen Zeiten und Weiten im Sport zu Stande kommen, die vor einigen Jahren noch völlig undenkbar gewesen wären.
Ich fand in diesem Buch z.B. auch ein paar ehemalige Weltrekorde aus dem Schwimmsport, den ich selbst betreibe. Dabei stellte ich fest, dass ich 1908 ohne Probleme mit Abstand den Weltrekord über 100 m Freistil überboten hätte. Lag er damals noch bei 1:08 min (Ich 1:06 min) so lag der Rekord 1988 schon bei 48,42 s.

Als Einleitung in das Thema habe ich einen Zeitungsartikel aus dem erwähnten Buch übernommen.

Von der Tabelle zum Graph

In einer Zeitschrift findet man folgende Notiz:

REKORDE IM JAHR 2000

Bald 9,15 Meter im Weitsprung?

Ohne Elektronenhirn kommen moderne Athleten kaum mehr aus. Computer berechnen das optimale Trainingsprogramm und korrigieren anhand von Fernsehaufzeichnungen technische Fehler. Computer der Deutschen Hochschule für Körpererziehung haben auch schon vor sechs Jahren ausgerech- net, welche Leistungen Leichtathleten im Jahr 2000 erreichen können. Das erstaunliche: Eine Prognose haben die Sportler bereits überboten. Einige werden sie allerdings wohl nie erreichen können, weil die Sportgeräte mittlerweile geändert wurden, zum Beispiel beim Speer- werfen.

Disziplin	WR 1934	WR 1952	WR 1990	Hochrech-nung für das Jahr 2000
100 m	10,3	10,2	9,92	9,70
200 m	20,6	20,6	19,72	19,25
400 m	46,2	45,8	43,29	42,10
1500 m	3:48,8	3:43,3	3:29,46	3:28,00
5000 m	14:17,0	13:58,2	12:58,39	12:45,00
10000 m	30:06,2	29:02,6	27:08,23	26:45,00
Hochsprung	1,88	2,11	2,44	2,45
Weitsprung	7,98	8,13	8,90	9,15
Dreisprung	15,72	16,22	17,97	18,79
Stabhoch	4,38	4,77	6,08	5,95
Kugelstoßen	16,42	17,95	23,12	23,80
Diskus	32,92	56,97	74,08	82,50
Hammer	57,86	61,25	86,74	90,50
Speer	75,90	78,70	104,80	108,00

Rekorde im Jahr 2000. In: Familienmagazin der Sparkasse 1991

3

---

[3] Familienmagazin der Sparkasse, aufgeführt in Landesinstitut für Schule und Weiterbildung, S. 8

Konzentrieren wir uns erst einmal nur auf die Daten für den 100 m Lauf.
Aus den ersten zwei Werten wird also der vierte Wert hochgerechnet. Für das Jahr 2000 wird eine mögliche Zeit von 9,70 s prophezeit.

Die Werte von 1990 sind noch nicht mit einbezogen worden, da die Hochrechnung ja schon sechs Jahre vor dem Erscheinungsdatum dieses Artikels, also 1985 erstellt wurde. Man erkennt dies auch daran, dass einige hochgerechnete Weltrekorde für das Jahr 2000 schon 1990 überboten wurden. (z.B Weitsprung und Dreisprung).

Es stellt sich nun die Frage, wie man zu diesen Prognosen gekommen ist.

Um dies nachvollziehen zu können, habe ich die Werte in eine Tabelle übertragen.

Jahr	WR 100 m
1934	10,3 s
1952	10,2 s
1990	9,92 s
2000	9,70 s ?

Dabei fällt auf, dass die Zeiten immer kürzer werden. Rechnet man mit der Fortsetzung dieses Trends, so dürfte der nächste Weltrekord also unter den 9,92 s liegen.

Es werden drei Versuche durchgeführt, um diese Prognose nachzuvollziehen.

Nachvollziehen der Prognose

1.Versuch
Man kann zuerst die mittlere Verbesserung pro Jahr über den gesamten Zeitraum der vorhandenen Daten ausrechnen.

Zeitspanne von 1934 bis 1990:
1990 - 1934 = 56
56 Jahre

Gesamte Verbesserung:
10,3 s − 9,92 s = 0,38 s

Gesamte Verbesserung aufgeteilt auf 56 Jahre:
0.38 s / 56 a = 0.0067 s/a

Hochrechnung für das Jahr 2000:
2000 −1990 = 10
10 a * 0.0067 s = 0.067 s
9.92 s - 0.067s= 9.85 s

Dieser Wert liegt aber höher als die Hochrechnung im Magazin der Sparkasse. Hier wurde also anscheinend anders gerechnet.

6

Graphische Auswertung dieser Überlegung

100m-Lauf/Männer

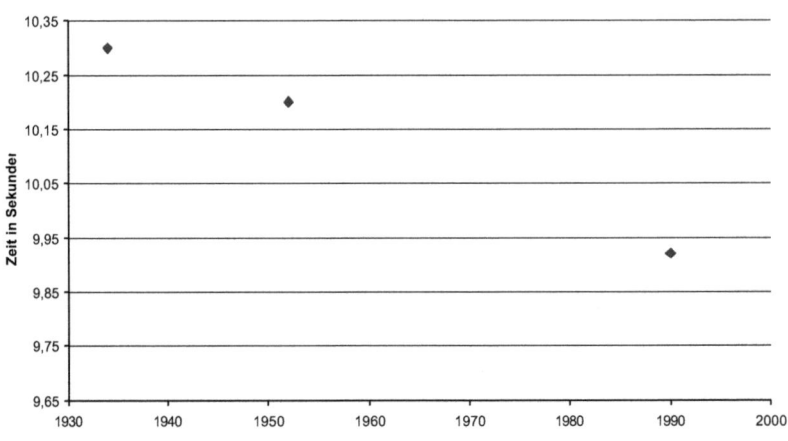

2. Versuch
Um nur die etwas neueren Werte einzubeziehen und die alten Werte, die durch die völlig anderen Trainings- und Wettkampfbedingungen kaum noch vergleichbar sind, zu eliminieren, kann man auch die mittlere Verbesserung zwischen 1952 und 1990 berechnen.

0.28 s / 38 a=0.0074 s/a
10 a * 0.0074 s = 0.074 s/a
9,92 s – 0,074 s = 9,846 s/a

Im Koordinatensystem entspräche dies einer Fortsetzung der Geraden zwischen dem WR von 1952 und 1990

Auch diese Hochrechnung stimmt nicht mit der der Sparkasse überein. Um auf den noch geringeren Wert dieser Hochrechnung zu kommen muss also anders gerechnet worden sein.

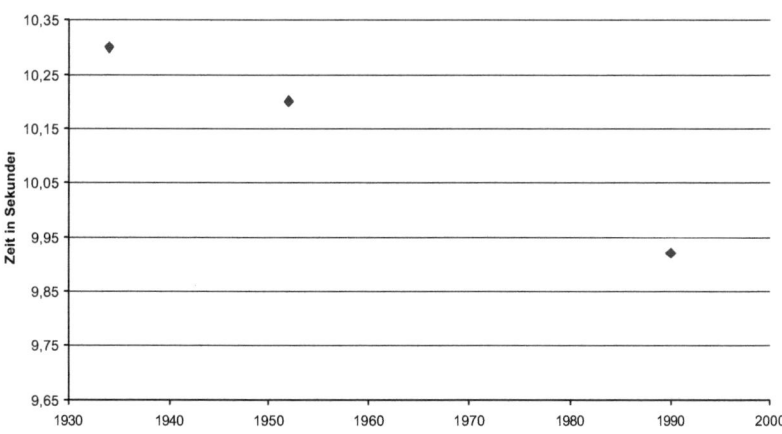

100m-Lauf/Männer

3.Versuch

Hier wird die mittlere Verbesserung pro Jahr zwischen den Jahren 1934 und 1952 berechnet. Dabei kommt man auf einen Wert von 0.0055 s/a welcher nun mit der mittleren Verbesserung zwischen 1952 und 1990 (0.0074 s/a) verglichen wird.

Man kann deutlich erkennen, dass die mittlere Verbesserung pro Jahr gestiegen ist.

Da die errechneten Daten aus den ersten zwei Versuchen deutlich niedriger sind als die aus der Zeitschrift, wollen wir nun versuchen, errechnen wir nun einen dritten Wert, in dem wir eine weitere Steigerung der mittleren Verbesserung annehmen.

Nach 0.0055 s/Jahr und 0.0074 s pro Jahr versuchen wir es jetzt mit einer Steigerung von 0.01 s/Jahr.

Wenn wir also für die 10 Jahre zwischen 1990 und 2000 eine Steigerung pro Jahr von 0.1s annehmen, dann landen wir bei 9.82 s für das Jahr 2000.

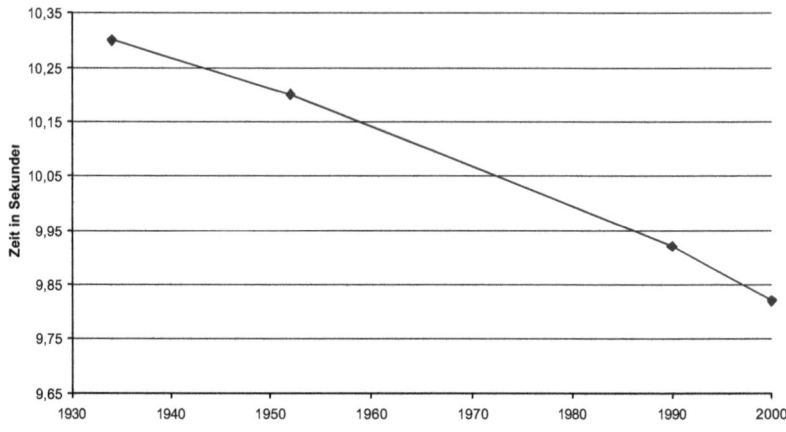

100m-Lauf/Männer

All diese Versuche liefern also zu hohe Werte. Offenbar wurde bei der Hochrechnung der Zeitschrift mit einem noch stärkeren Ansteigen der mittleren Verbesserung pro Jahr gerechnet - also mit einer noch stärker abknickenden Gerade nach unten. Die Realität zeigt, dass diese Annahme zwar nicht ganz berechtigt war, denn der jetzige Weltrekord liegt bei 9.79 s, wir wollen aber dennoch versuchen, die Werte der Zeitschrift nachzuvollziehen. Für diese Annahme reichen aber sicherlich nicht die zwei aufgeführten Werte, es müssen noch weitere Daten herangezogen werden.

Recht leicht kommt man an die Ergebnisse der Olympischen Spiele heran. Hier starten die besten Läufer der Welt und so können diese Zeiten mit den vorliegenden Weltrekorden in Bezug gesetzt werden. Wir interessieren uns ja ohnehin mehr für die langfristige Entwicklung der Zeiten als für die Rekorde.

Jahr	Zeit in s	Jahr	Zeit in s
1896	12,0	1952	10,4
1900	11,0	1956	10,5
1904	11,0	1969	10,2
1908	10,8	1964	10,0
1912	10,8	1968	9,9
1920	10,8	1972	10,14
1924	10,6	1976	10,06
1928	10,8	1980	10,25
1932	10,3	1984	9,99
1936	10,3	1988	9,93
1948	10,3	1992	9,96

Olympische Spiele – 100 m-Lauf Männer[4]

---

[4] Landesinstitut für Schule und Weiterbildung, S. 29

Bei näherem Hinsehen fallen einige Details auf:

1.) Als grobe Tendenz zeigt sich, dass die Siegerzeiten immer kürzer werden. Dies gilt zwar nicht für alle aufeinanderfolgenden Jahre, aber die Richtung ist ablesbar.

2.) Seit 1972 werden die Zeiten mit Hundertstel Sekunden gemessen. Dies kennzeichnet den Beginn der elektronischen Zeitmessung.

3.) Es gibt Lücken zwischen den Austragungsdaten. Wie diese zu Stande kamen, wird später geklärt.

Um besser Zusammenhänge erkennen zu können, bringen wir die Daten in ein Schaubild. Wir zeichnen zuerst ein Streu- und dann ein Liniendiagramm.

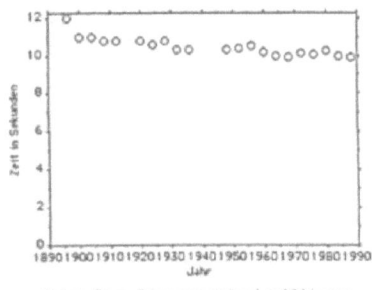 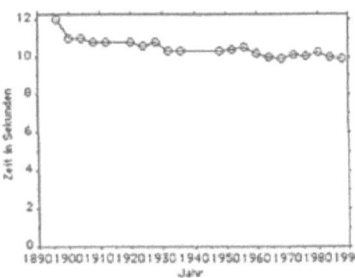

Abb.5: Streudiagramm 100m-Lauf/Männer   Abb.6: Liniendiagramm 100m-Lauf/Männer

5

Da hier die Punkte zu nah beieinander liegen, als dass man etwas ablesen könnte, strecken wir die Y-Achse. Das heißt, dass wir den unwichtigen Bereich der Y-Achse, in dem ohnehin keine Werte liegen wegschneiden. Auf eine solche Änderung muss aber in einem guten Diagramm hingewiesen werden, da auf diese Art auch leicht falsche Eindrücke entstehen können. Dies kann man unter Anderem durch zwei kleine Striche an der gestreckten Achse erkennbar machen.

Bei einem Liniendiagramm besteht auch die Gefahr, dass zwischen den eingezeichneten Punkten Werte abgelesen werden, die eigentlich gar nicht existieren. Es hilft aber Entwicklungen besser zu erkennen und schafft mehr Übersicht.

---

[5] Landesinstitut für Schule und Weiterbildung, S. 29

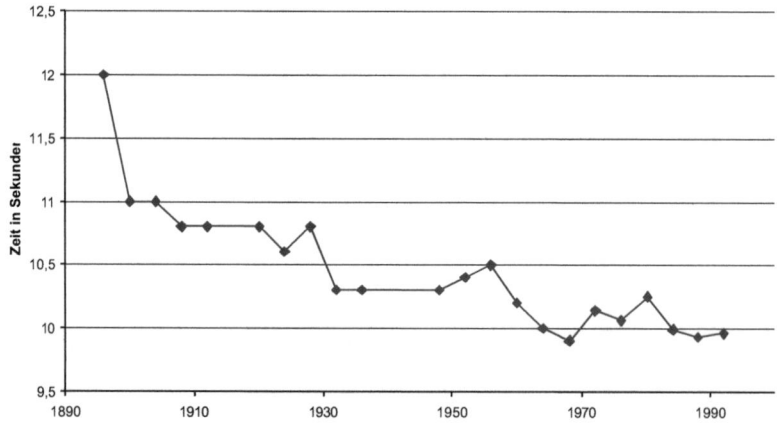

Liniendiagramm 100m-Lauf Männer Olympiade

Hier wird nun besonders die fallende Tendenz deutlich. Auch die erwähnten Lücken und einige markante Sprünge in der Entwicklung fallen ins Auge.

Erklärungen hierfür habe ich dem Buch des Landesinstituts entnommen.

Deutliche Verbesserung von 1928 auf 1932 und von 1958 bis 1968:
- 1932 fanden die Spiele in Los Angeles (USA), im Heimatland der schnellen Sprinter und unter günstigen Außenbedingungen statt.
- 1968 wurde in Mexiko City ausgetragen. Dies liegt 2200 m über dem Meer. Dadurch ergibt sich ein geringerer Luftwiederstand durch die dünne Luft in dieser Höhe.

Rückschritt bei 1972 und 1980:
- 1980 fanden die Spiele in Moskau unter Boykott der Amerikaner und anderer westlicher Nationen statt.
- 1972 wurde erstmals elektronisch gestoppt.

Lücken bei 1916, 1940 und 1944
- 1916   1. Weltkrieg
- 1940 und 1944   2. Weltkrieg

Hier erkennt man auch, wie interessant solche einfachen Zahlenkolonnen sein können, wenn man sich das nötige Hintergrundwissen besorgt.

Um nun einen Trend erkennen zu können und um eine Prognose für die Zukunft zu erstellen, wollen wir in das Diagramm eine Ausgleichsgerade einfügen.

11

Aus der Schulzeit sind Ausgleichsgeraden bekannt. Sie werden dort nach Augenmaß gezeichnet. Dabei soll die Gerade möglichst die Datenpunkte in zwei gleich große Gruppen aufteilen, die über- und unterhalb der Geraden liegen. Zusätzlich sollen die summierten Abstände zur Ausgleichsgeraden der so geteilten Punktegruppen auch noch gleich sein. Dieses Verfahren der Ausgleichsgeraden nach Augenmaß ist ein anerkanntes und erlaubtes Verfahren. Wir wollen aber die Ausgleichsgeraden genau berechnen.
Hierzu kann man sich hauptsächlich zweier Methoden bedienen. Der Drei-Gruppen-Gerade und der Gaußschen-Fehlerquadratmethode.

Die Drei-Gruppen-Gerade

Bei der Drei-Gruppen-Gerade wird die Menge der Daten in drei Gruppen aufgeteilt, in denen dann jeweils der Medianpunkt bestimmt wird.

Ein Median ist der Wert mit der mittleren Position in einer Gruppe. Er ist nicht mit dem arithmetischen Mittelwert zu verwechseln.

Beispiel:
Eine freigewählte Datenmenge. $1 - 3 - 7 - 5 - 21 - 8 - 4$
Das arithmetische Mittel (Mittelwert) würde $49 : 7 = 7$ betragen.

Für die Bestimmung des Medians müssen die Werte zuerst nach ihrer Größe sortiert werden:
$1 - 3 - 4 - 5 - 7 - 8 - 21$
Der Median dieser Gruppe ist nun der Wert, welcher sich an der mittleren Position der Aufzählung befindet: Im gewählten Beispiel also die 5.
In einer Gruppe mit einer geraden Anzahl von Werten ist der Median das arithmetische Mittel der beiden mittleren Zahlen. Er liegt also genau zwischen den beiden mittleren Zahlen der Gruppe.

Die Errichtung einer Drei-Gruppen-Gerade lässt sich am besten direkt im Diagramm durchführen. Dazu werden die Datenpunkte in drei nach Möglichkeit gleich große Gruppen aufgeteilt. Dies kann man durch Trennstriche senkrecht auf der x-Achse verdeutlichen. Nun werden für jede Gruppe der Median M_x der x-Datenwerte und der Median M_y der y-Datenwerte bestimmt.
Dazu habe ich in meinem Beispiel die gestrichelte Linie senkrecht zur X-Achse eingezeichnet. Die Datenpunkte liegen bezüglich der x-Werte schon von links nach rechts geordnet vor, die Mitte zu markieren ist also einfach.
Dann werden die Datenpunkte nach den y-Werten sortiert und auch hier der Median bestimmt. Da Datenpunkt Nr. 3 den höchsten und Datenpunkt Nr.4 den niedrigsten y-Wert der 1. Gruppe (von links nach rechts nummeriert) hat, liegt der Median My also zwischen Datenpunkt Nr. 1 und Nr. 2. Dies wird ebenfalls durch eine gestrichelte Linie markiert. Der Schnittpunkt der beiden gestrichelten Geraden markiert den Medianpunkt der 1. Gruppe. Dieses Verfahren wird nun bei allen drei Gruppen durchgeführt.

Danach werden der Medianpunkt der Gruppe 1 und der Gruppe 3 miteinander verbunden. Die so entstandene Gerade wird nun parallel verschoben bis der Abstand des Medianpunktes Nr. 2 zur ersten Gerade halbiert wird. (Abstand senkrecht auf der ersten Gerade). Die so gewonnene Gerade liefert die gesuchte Ausgleichsgerade.

Zur Verdeutlichung das Diagramm:

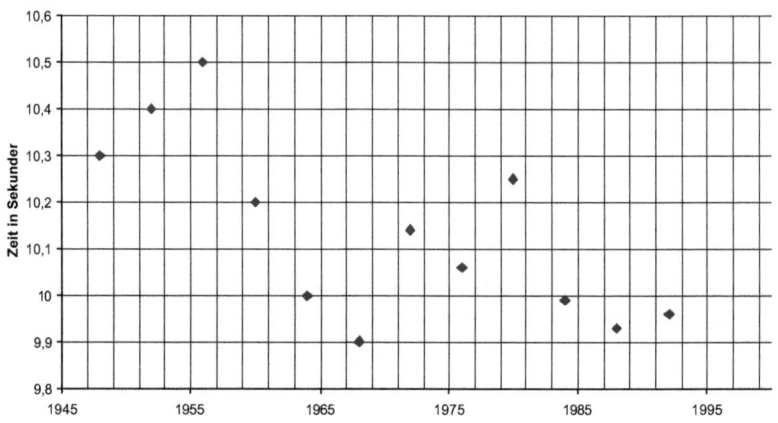

Streudiagramm 100m-Lauf/Männer Olympiade (mit Drei-Gruppen-Gerade)

Die dazugehörige Geradengleichung kann nun leicht durch den Y-Achsenabschnitt bei x=0 und die Steigung gebildet werden. Die Steigung kann mit Hilfe eines Steigungsdreiecks bestimmt werden.

Die Drei-Gruppen-Gerade hat einen entscheidenden Vorteil, sie ist robust gegen Ausreißer, da immer nur die mittleren Werte einer Gruppe betrachtet werden und sehr hohe oder sehr niedrige Werte an die Ränder der Gruppe sortiert werden.

Sollte der Abstand zwischen dem mittleren Medianpunkt und der ersten Gerade aber sehr groß sein, ist zu überlegen, ob sich überhaupt eine Ausgleichsgerade anbietet oder ob nicht eine Kurve den Verlauf der Daten sinnvoller beschreibt.

Die Gaußsche Fehlerquadratmethode

Dieses Verfahren wurde von Herrn Gauß (1777-1855) entwickelt.
Es versucht die Ausgleichsgerade so zu legen, dass die Summe der Quadrate der
Ordinatenabweichungen minimal ist. Das bedeutet, dass die Gerde so gelegt werden soll,
dass die Summe der Abstände der Punkte zur Ausgleichsgerade möglichst gering sein soll.

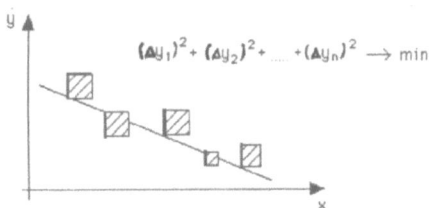

Abb. 22: Gaußsche Fehlerquadratmethode

Um die Formel zur Berechnung einer solchen Gerade herzuleiten, muss ich etwas weiter
ausholen.

Die allgemeine Funktion für eine Gerade lautet: f(x)=mx+b

wobei m der Steigung der Geraden und b dem y-Achsenabschnitt entspricht.

Um nicht gleich zwei Variablen auf einmal in einer Herleitung benutzen zu müssen,
beschränken wir uns zuerst auf eine Gerade, die durch den Ursprung verläuft, bei der der Y-
Achsenabschnitt b gleich Null ist.
Die Gleichung für diese Gerade lautet: f(x)=mx

Die Abweichungen der Originalwerte von der so bestimmten Ausgleichsgeraden berechnet
man wie folgt:

$$\left| y_i - f(x_i) \right| = \left| y_i - mx_i \right|$$

Für n Punkte ist die mittlere quadratische Abweichung der Funktionswerte von den Originalwerten [S(m)]:

$$S(m) = \frac{1}{n}\sum_{i=1}^{n}(y_i - mx_i)^2$$

Wir fordern, dass S(m) minimal sein soll.
Um die Steigung m zu bestimmen, bilden wir zunächst eine Ableitung.

$$S'(m) = \frac{1}{n}\sum_{i=1}^{n}[2 \cdot (y_i - mx_i) \cdot (-x_i)] = \frac{2}{n}\sum_{i=1}^{n}(-x_i y_i + mx_i^2)$$

$$= \frac{2}{n}\sum_{i=1}^{n}mx_i^2 - \frac{2}{n}\sum_{i=1}^{n}x_i y_i = \frac{2m}{n}\sum_{i=1}^{n}x_i^2 - \frac{2}{n}\sum_{i=1}^{n}x_i y_i$$

Da ja minimiert werden soll, setzen wir S'(m)=0 und erhalten dann nach Umformung die Steigung m

$$m = \frac{\sum_{i=1}^{n}x_i y_i}{\sum_{i=1}^{n}x_i^2}$$

Eingesetzt in unsere Geradegleichung f(x)=mx, erhalten wir nun eine Formel für Ausgleichsgeraden, die durch den Ursprung gehen.

Um auch Geraden berechnen zu können, die nicht durch den Ursprung gehen wird die Formel noch etwas erweitert.

Hierzu muss man wissen, dass eine Ausgleichsgerade, wie sie hier berechnet werden soll, immer durch den so genannten Schwerpunkt geht. Das ist der Punkt aus dem beiden Mittelwerten $(\bar{x}; \bar{y})$. An diesem Punkt setzen wir ein neues Koordinatensystem.

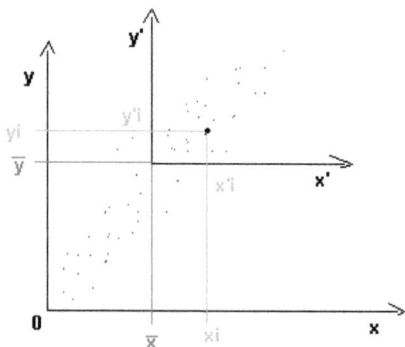

So kann man jeden beliebigen Punkt im Koordinatensystem darstellen durch:

$$x_i' = x_i - \bar{x} \quad \text{und} \quad y_i' = y_i - \bar{y}$$

Mit der vorherigen Formel lässt sich auch m bestimmen:

$$m = \frac{\sum_{i=1}^{n}(x_i - \bar{x})(y_i - \bar{y})}{\sum_{i=1}^{n}(x_i - \bar{x})^2}$$

Nun fehlt nur noch der Y-Achsenabschnitt b.
Bekannt ist, dass $\bar{x}$ und $\bar{y}$ auf der Ausgleichsgeraden liegen.
Daher gilt: $\bar{y} = m\bar{x} + b \Leftrightarrow b = \bar{y} - m\bar{x}$

Nun besitzt man alles Nötige für die Funktion der Ausgleichsgerade.

Wir kennen nun also zwei Möglichkeiten, eine Ausgleichsgerade zu errechnen. Die Drei-Gruppen-Gerade, hat den erwähnten Vorteil, dass sie Ausreißer vernachlässigt, die Gaußsche Fehlerquadratmethode kann dafür schnell auf Knopfdruck vom Computer oder vom Taschenrechner durchgeführt werden. Ob eine Ausgleichsgerade jedoch überhaupt für eine Datenmenge sinnvoll ist, muss jedes Mal neu überlegt und überprüft werden.

Literaturverzeichnis

Landesinstitut für Schule und Weiterbildung (1994): "Interaktive Medien im Unterricht –
Trends und Zusammenhänge – Materialien zur Explorativen Datenanalyse und Statistik in der
Schule". Soest: Landesinstitut für Schule und Weiterbildung.

Mögliche Fragestellungen für die Explorative Datenanalyse im Unterricht

1. In welchen Maße wächst die Weltbevölkerung, und wie viele Menschen kann die Erde ernähren?
2. Geht es den Menschen in Deutschland heute „besser" als vor 5,10,20 oder 50 Jahren?
3. Wie unterscheiden sich die Wohlstandsverhältnisse in den neuen und den alten Bundesländern?
4. Konnte die Ausbreitung von AIDS durch die Maßnahmen der Bundesregierung nachhaltig beeinflußt werden?
5. Legen die Schülerinnen und Schüler z.B. in Bayern ein „besseres" Abitur ab als Schülerinnen und Schüler z.B. in Nordrhein-Westfalen?
6. Läßt sich abschätzen, ob oder sogar wann der Weltrekord über 100 m der Herren einmal bei 9.5 Sekunden liegen wird?

Anmerkungen zur Behandlung der Beschreibenden Statistik im Unterricht

1. Die geforderten mathematischen Kenntnisse sind meist recht trivial. Daher interessante Fragestellungen notwendig und Einsatz von Computern sinnvoll.
2. Die erarbeiteten Ergebnisse und Prognosen sollten auch interpretiert werden, damit die Arbeit der Schüler auch belohnt wird.
3. Suche nach Unterrichtsmaterialien manchmal sehr zeitaufwendig. Man findet aber doch sehr viel in Zeitungen, Zeitschriften und Internet

Die EDA im Unterricht:

- ermöglicht es, den Umgang mit Daten spannender und motivierender zu gestalten
- erfordert und ermöglicht offene Arbeitsweisen im Unterricht. Die Schüler müssen selbst suchen und überlegt forschen.
- betont interpretative und begriffliche Aspekte bei der Anwendung von Mathematik, das reine Rechnen tritt in den Hintergrund
- kann und sollte mit dem Einsatz von Computern behandelt werden. Sie liefert somit einen Beitrag zur Informations- und Kommunikationstechnologioschen Bildung. Der sinnvolle Einsatz des Computers zur Umgehung von stumpfen, sich wiederholenden Rechnungen ist hier sehr gut möglich.

Gruppenarbeit

Gruppe 1:
Berechnet bitte die **mittlere Verbesserung pro Jahr über den gesamten Zeitraum (1934-90).**
Prognostiziert dann mit dem ermittelten Wert eine Zeit für das Jahr 2000.
Wie würde diese Überlegung in einem Diagramm aussehen?

Gruppe 2:
Berechnet bitte die **mittlere Verbesserung pro Jahr über den „neuzeitlichen" Zeitraum (1952-90).**
Prognostiziert dann mit dem ermittelten Wert eine Zeit für das Jahr 2000.
Wie würde diese Überlegung in einem Diagramm aussehen?

Gruppe 3:
Verbindet im Diagramm die einzelnen Werte.
Ihr könnt erkennen, dass die Gerade immer stärker abknickt. Das heißt, dass die mittlere Verbesserung pro Jahr immer weiter zunimmt. Liegen die von Gruppe eins und zwei berechneten Werte noch unter 0,01 s/Jahr, so kann man aber ruhig **für die Zeit nach 1990 mit einer mittleren Verbesserung von 0,01 s/Jahr** rechnen.
Wie schnell wären mit dieser Annahme dann die Sprinter im Jahr 2000?
Zeichnet auch diesen Wert in das Diagramm ein.

Zusatz: Wie groß ist die mittlere Leistungssteigerung pro Jahr im Zeitraum von
1934-52 ?

Für alle: Bestimmt bitte die Funktion der Ausgleichsgerade für folgendes Wertebeispiel:

X	y
1	1
2	1,5
3	4
4	4,5

- 1916 ausgefallen auf Grund des ersten Weltkrieges
- 1940 / 1944 ausgefallen auf Grund des zweiten Weltkrieges
- 1932 fanden die Spiele in Los Angeles (USA) Heimatland der schnellen Sprinter statt und unter günstigen Außenbedingungen
- 1968 in Mexiko City (2200m über Meer = weniger Luftwiederstand durch dünne Luft)
- 1980 fanden die Spiele in Moskau unter Boykott der Amis und anderer westlicher Nationen statt.
- 1972 wurde erstmals elektronisch gestoppt